Inhalt

Rudolf Steiner

Unheimliche Technik

Wie der Mensch sich finden kann

Ein Vortrag, gehalten in Stuttgart
am 14. November 1920

Rudolf Steiner
Ausgaben

Der Wortlaut der in den *Rudolf Steiner Ausgaben* gedruckten Vorträge Rudolf Steiners geht auf die ursprünglichen Klartextnachschriften und Erstdrucke zurück, unter Berücksichtigung der danach erfolgten Veröffentlichungen.

Erste Auflage 2016

Herausgeber: Rudolf Steiner Ausgaben
(Monika Grimm, Bad Liebenzell)

Redaktion: Pietro Archiati, Bad Liebenzell

Korrektorat: Ute von Herrmann, Stuttgart

Druck: GGP Media GmbH, Pößneck

ISBN: 978-3-86772-262-9

Rudolf Steiner Ausgaben e. K.
Burghaldenweg 37 · D-75378 Bad Liebenzell
Telefon: (07052) 935284 · Telefax: (07052) 934809
anfrage@rudolfsteinerausgaben.com
www.rudolfsteinerausgaben.com

Vorwort

Was Rudolf Steiner in diesem Vortrag über die Technik ausführt, ist auch heute aktuell. Die Technik ist im letzten Jahrhundert zum Hauptträger der globalisierten Wirtschaft geworden. Wer führend in der Dienstbarmachung der elektrischen, magnetischen und atomaren Naturkräfte ist, der wird zunehmend die ganze Menschheit unter seine Herrschaft bringen können. Den technischen Errungenschaften gegenüber ist der Mensch aber nicht nur der Herrscher, sondern zugleich der Beherrschte. Einerseits steuert er mit seinem Intellekt alle technischen Erneuerungen, andererseits wird er in seinem Willen vom Zwang der Mechanismen gesteuert, die ihm immer weniger Freiheit einräumen.

Fremd mag heute die Aussage anmuten, dass in aller Technik Dämonen am Werk sind. Der Leser wird eine gewisse Offenheit nötig haben, um den dargestellten Inhalten unbefangen zu folgen. Dabei kann ihm die Überlegung helfen, wodurch er sich sagt: Ich kann nicht gleich behaupten, dass es stimmt, aber ich kann auch nicht ohne Weiteres behaupten, dass es nicht stimmt.

Nicht weniger Offenheit verlangt die zentrale Stelle, die jenem Geist eingeräumt wird, den die christliche Religion «Christus» nennt. Die Hauptschwierigkeit liegt im Wort selbst, in einem Namen, der von den Kirchen besetzt ist. Es sind heute nicht wenige, die über den Christus so gut wie nichts und von den Kirchen nichts Gutes erfahren haben. Beim Wort «Christus» reagieren sie allergisch, wenn nicht ablehnend. Auch hier kann nur die Bereitschaft helfen, genauer hinzusehen, was Rudolf Steiner über den Christus-Geist sagt: Dinge, über die die Kirchen wenig zu sagen haben.

Es ist von einer Wiedererscheinung des Christus die Rede, die von der ersten Hälfte des 20. Jahrhunderts an möglich wird. Natürlich fragen sich heute viele: Ist das wirklich geschehen? Hat es damals Menschen gegeben, die eine solche Christus-Erscheinung erlebt haben? Da gibt es zwei Möglichkeiten. Wenn es heißt, dass nichts von dem geschehen ist, kann der kritische Verstand leicht behaupten, dass sich Rudolf Steiner geirrt hat. Wenn es andererseits überliefert wäre, dass zahlreiche Menschen jene Christus-Erfahrung gemacht haben, könnte derselbe Verstand das genauso leicht infrage stellen.

Dabei redet Rudolf Steiner nicht von etwas, was geschehen muss. Es ist die Rede davon, dass ab einem gewissen Zeitpunkt alle notwendigen Bedingungen erfüllt sein können, die eine neue Christus-Erfahrung *möglich* machen. Was für den Menschen möglich wird, muss aber nicht geschehen, sonst wäre er nicht frei. Es ist Aufgabe des Denkens, dem nachzugehen, welches die notwendigen Bedingungen sind, die eine zeitgemäße Christus-Erfahrung ermöglichen.

Von den Hauptbedingungen können zwei dem gesunden Menschenverstand unmittelbar einleuchten. Der Logos-Geist kann in der denkerischen Freiheit des Individuums nur «wiederkommen», wenn alle Menschen sowohl der Anthroposophie als auch Rudolf Steiner gegenüber gleichgestellt sind.* Wenn man davon ausgeht, dass es gerade die

* Bei der Weihnachtstagung 1923 hatte Rudolf Steiner eine Anthroposophische Gesellschaft ins Leben gerufen, in der nur die anerkannten Begabungen von Individuen eine Rolle spielen durften und die keinerlei Berührung mit dem öffentlichen Recht hatte. Die einzigartige Begabung Rudolf Steiners in seinem unmittelbaren Umgang mit der geistigen Welt sollte in dieser Gesellschaft maß- und richtunggebend sein. Das bedeutet, dass mit seinem Tod eine solche Gesellschaft aufhört zu existieren. Was ihr auch immer nachfolgt, hat keine Möglichkeit, irgendeine rechtliche oder geistige Nachfolge in Anspruch zu nehmen. Auf den verstorbenen, rein geistig gewordenen Rudolf Steiner können sich alle Menschen mit gleichem «Recht» berufen.

Dies alles setzt voraus, dass die Menschen um Rudolf Steiner vom selben Geist wie er durchdrungen sind, dass sie bewusst und willentlich in seinem Tod auch den Tod der von ihm geführten Gesellschaft sehen und begrüßen – und damit auch das Ende jeder Aufgabe, die sie selbst durch ihre besondere Beziehung zum lebenden Rudolf Steiner innerhalb dieser Gesellschaft haben. Aber bei der außerordentlichen Generalversammlung vom 8. Februar 1925 zeigte sich ein ganz anderer Geist. Durch eine Statutenänderung wurde die Weihnachtstagungsgesellschaft in eine juristische Körperschaft nach schweizerischem Vereinsrecht verwandelt. Damit war aufgrund von rechtskräftigen Ämtern eine juristische, aber psychologisch gesehen auch geistige Nachfolge über den Tod Rudolf Steiners hinaus gesichert.

Es stellt sich die wichtige Frage: Warum hat Rudolf Steiner den Antrag zur Statutenänderung unterschrieben? Wusste er nicht, dass damit die Gesellschaft aufgehoben wird, die er ins Leben gerufen hatte? Darauf kann geantwortet werden: Dem Verfasser der *Philosophie der Freiheit* ist die Freiheit des Menschen unantastbar. Wenn Menschen den Willen zu einer Statutenänderung bekunden, zu der

Anthroposophie ist, die den Menschen für das wahrnehmende und denkende Erleben des Logos-Geistes fähig macht, ist die erste Bedingung, dass die Anthroposophie in den Werken und Vorträgen Rudolf Steiners allen Menschen gleichermaßen wahrnehmbar vorliegt. Die zweite Bedingung verlangt, dass der Mensch, der die Anthroposophie von der

---

seine Unterschrift erforderlich ist, so darf und will er sie nicht dazu zwingen, gegen ihren Willen und gegen ihren Geist zu handeln. Er kann seinen Beitrag dazu geben, dass sie sich Natur und Folgen dessen bewusst machen, was sie vorhaben, indem er sie etwa fragt: Ist es wirklich das, was Sie wollen? Wenn sie aber darauf bestehen, dann verlangt das Karma von ihm, dass er unterschreibt – nicht anders als das Karma der Menschheit vom Christus verlangt hat, dass er dem Verräter freie Hand lässt.

Mit der Statutenänderung wurde der Geist Rudolf Steiners, bei allen guten Absichten der Beteiligten, aus der Anthroposophischen Gesellschaft hinausgedrängt und ein ganz anderer Geist, wenn nicht der Gegengeist, übernahm die Führung. Rudolf Steiner blieb nichts anderes übrig, als zu gehen. Nach seinem Tod schreibt Ita Wegman:

> «In vollem Bewusstsein, aber ohne ein Wort über die Zukunft gesprochen, ohne Anweisungen oder Botschaften für diese oder jene Persönlichkeit hinterlassen zu haben, ist der Meister von uns weggegangen. Und eine direkte Frage diesbezüglich wurde bewusst mit nein beantwortet. Warum war das?» (*Das Goetheanum, Nachrichten,* 26.4.1925, S. 65; vgl. auch GA 260a, 1987, S. 695).

Ita Wegman versteht nicht, dass wenn Rudolf Steiner ihr einen Auftrag geben würde, der über seinen Tod hinaus gilt, er damit Menschen dazu zwingen würde, ihre geistige Autorität anzuerkennen, falls sie *ihm* die Treue bewahren wollen. Nach seinem Tod hat sie – und nicht nur sie – so gehandelt, als ob es selbstverständlich wäre, dass ihre führende Rolle weiterhin als ein von Rudolf Steiner gegebener Auftrag gelten soll. Es stellt sich die Frage: Inwieweit hat sich eine solch unsagbare geistige Tragik, die das Schicksal der Anthroposophie nach dem Tod Rudolf Steiners zutiefst geprägt hat, auf die Wiederkunft des Christus, von der in diesem Vortrag die Rede ist, ausgewirkt?

geistigen Welt auf die Erde heruntergeholt hat, die sinnlich wahrnehmbare Welt verlassen hat. Es darf kein Mensch aufgrund einer besonderen karmischen Verbindung, die er mit dem lebenden Rudolf Steiner gehabt hat, Anspruch auf irgendeine rechtliche oder geistige Macht erheben.

Ein Vortrag wie der hier gedruckte kann erst bei wiederholter Lektüre, beim darüber Meditieren seine Fruchtbarkeit zeigen. Zwei Beispiele seien hier kurz erwähnt. Was über die Kinder gesagt wird – über ihre sehnsüchtige Entbehrung und ihre Angst vor dem Leben –, kann immer neues Licht auf das dramatische Ringen der heutigen Lehrer werfen. Die Ausführungen über den Staat, über die Politik, die versucht ist, sich als «christlich» zu gebärden, sind aktueller denn je. In Deutschland versucht gerade die Bundeskanzlerin, in der Flüchtlingsdebatte die Christlichkeit der CDU – der *christlich*-demokratischen Union – zu unterstreichen, um mit der Macht der Politik aus würdigen Bürgern gute Christen zu machen. Rudolf Steiner führt aus: Der soziale Organismus kann nur gesund bleiben, wenn sowohl das Geistesleben als auch das Wirtschaftsleben dem Rechtsleben gegenüber ihre Selbstständigkeit bewahren. Die Frage des Christentums hat im Rechtsleben, das heißt in den Lebensbereichen, in denen alle Menschen ihre Gleichheit zu erleben haben, nichts zu suchen.

Ein Kerngedanke in diesem Vortrag ist, dass sowohl in der Wissenschaft als auch im sozialen Leben der moderne Mensch *den Menschen* aus dem Auge verloren hat. Die Naturwissenschaft kennt vom Menschen nur das sinnlich Wahrnehmbare, im sozialen Leben geht es nur noch um den Körper. Alles, was Seele und Geist betrifft, wird als Privatsache, als Sache eines subjektiven Glaubens behandelt, der keine Kraft hat, das Leben zu gestalten. Weil das so ist, kann die Wiederentdeckung des Menschen nur vom Individuum selbst vollzogen werden: durch die Vertiefung in eine Geisteswissenschaft, in der der Mensch als Geist gilt, und durch eine Lebensführung, in der der Mensch als Geist handelt. Die Zeit, in der sich der Mensch an eine äußere Führung durch Autoritäten oder Gruppierungen wenden konnte, ist vorbei. Im Vortrag vom 22. November 1918 führt Rudolf Steiner aus:

> «Das Allerwichtigste, was für die Zukunft geschehen soll, wird nicht geschehen durch Institutionen, wird nicht geschehen durch allerlei Einrichtungen, so sehr man heute an Institutionen und Einrichtungen wie an ein Alleinseligmachendes überall glaubt, sondern das Wichtigste für Gegenwart und Zukunft wird durch die Tüchtigkeit des einzelnen menschlichen Individuums geschehen. Diese Tüchtigkeit des einzelnen menschlichen Individuums ergibt sich aber nur aus einem wahrhaften Vertrauen in einen unerschöpflichen Born von göttlicher Kraft in der menschlichen Seele. Aber weit, weit entfernt ist die

gegenwärtige Menschheit von diesem Vertrauen in einen unerschöpflichen Quell in der menschlichen Seele.»

Beim Lesen des hier gedruckten Vortrags kann man den Eindruck gewinnen: Rudolf Steiner schöpft unmittelbar aus dem «unerschöpflichen Quell», von dem er spricht. Seine Worte sind dazu geeignet, im Leser denselben Quell zu speisen und die «göttliche Kraft» in seiner Seele zu verstärken. Die moderne Technik droht, den Menschen immer mehr in den Bann ihrer Mechanismen zu ziehen; die Geisteswissenschaft zeigt den Weg zur Erfahrung des Geistes, wodurch der Technik das nötige Gegengewicht geschaffen wird.

Pietro Archiati
(Frühjahr 2016)

Unheimliche Technik

Wie der Mensch sich finden kann

Stuttgart, 14. November 1920

Meine lieben Freunde!

In den Betrachtungen, die wir hier angestellt haben, ist von den verschiedensten Seiten her charakterisiert worden, mit welchen Wirkungskräften der menschlichen Entwicklung man sich bekannt machen muss, wenn man richtig verstehen will, was heute geschieht – vor allen Dingen das, was in die gegenwärtige katastrophale Zeit hineingeführt hat –, wenn man sich mit einem kraftvollen Wirken im Sinne eines wirklichen Menschheitsfortschritts da hineinstellen will. Es wird leider viel zu wenig das Augenmerk darauf gerichtet, wie sich die in der Menschheitsentwicklung wirkenden Kräfte in der neuesten Zeit gegenüber verhältnismäßig gar nicht so lange zurückliegenden Zeiten verändert haben.

Ich möchte heute von der großen Katastrophe der letzten Jahre ausgehen, um auf jenes Ereignis hinzulenken, auf das ich mit einigen Worten am Schluss der letzten hier gehaltenen Betrachtungen hingewiesen habe, auf jenes besondere Christus-Ereignis, das der ersten Hälfte des 20. Jahrhunderts angehört, wie schon öfter erwähnt worden ist.

Wenn wir die katastrophalen Ereignisse, die in unsere heutige Zeit hereinragen und die noch lange andauern werden, wenn wir diese katastrophalen Ereignisse mit all ihren Folgen unbefangen betrachten, so werden wir bemerken, wie anders das Schicksalsgefüge der zivilisierten Menschheit in dieser neuesten Zeit gegenüber älteren Zeiten ist.

Wir müssen gleichzeitig auch darauf hinweisen, wie bei einer großen Anzahl gerade maßgebender Menschen ein Bewusstsein von dem, was da heraufgezogen ist, noch nicht vorhanden ist. Die Handlungsweise maßgebender Persönlichkeiten war vor allen Dingen in den letzten Jahren noch immer so, wie es früheren Zeiten entsprach, wie es aber unserer Gegenwart ganz und gar nicht mehr entspricht.

Wir haben – ich erwähne das alles heute zunächst als Exempel (Beispiel) nur einleitend –, wir haben hinter uns einen, nun, man nennt es einen «Krieg», der größer war als irgendein Krieg der historischen Menschheitszeiten. Wir haben gesehen, dass in dem, was die Menschen als Gedanken beim Ausgangspunkt dieses Krieges gehabt haben, auch in dem, was die meisten Menschen heute immer noch als Gedanken haben, etwas wie ein Gespenst der Vorzeit lebt. Aus diesem Ideengespenst, das aus der Vorzeit in die Gegenwart hereinragt, sind Urteile über das entstanden, was hat geschehen sollen. Es wurde unter solchen Urteilen gehandelt, es wurden diese und jene Maßnahmen getroffen, und man hatte keine

Ahnung, dass etwas ganz anderes geschieht als das, was in den Vorstellungen der Menschen von diesem Geschehen lebt.

In diesem Krieg standen wie auch in früheren Kriegen Menschen einander gegenüber, kämpfende Menschen. Was aber in früheren Kriegen nicht da war, und was in diesem Krieg da war, das waren Energien, das waren Kräfte, die von etwas ganz anderem kamen als von jenen menschlichen Eigenschaften, aus denen die Kräfte in früheren Kriegen gekommen sind.

Wir haben in der neuesten Zeit eine große, eine gewaltige Technik heraufziehen sehen, und dieses Heraufziehen einer gewaltigen Technik, das hat die ganze Situation im Schicksalsgefüge der Menschen verändert. Die Tatsachen sind in den letzten Jahren so verlaufen, wie es dieser Veränderung entspricht, aber die Vorstellungen der Menschen haben sich nicht in derselben Weise verändert.

Wir wollen einige der wichtigsten Tatsachen auf diesem Gebiet erwähnen. In der Zeit, die der Kriegskatastrophe voranging, war die menschliche Technik, wie sie sich in der neuesten Zeit herausgebildet hat, an einem ganz bedeutsamen Höhepunkt angelangt. Die menschliche Arbeit, oder vielleicht besser gesagt, das menschliche Arbeiten hat, ohne dass sich die Menschheit darauf ordentlich besinnen konnte, ganz andere Formen angenommen als früher vorhanden waren.

Man kann sich Vorstellungen von diesen anderen Formen machen, wenn man ins Auge fasst, was als Grundlage für die Umsetzung der modernen Technik bezeichnet wird, wenn man die Kohleförderung in den verschiedenen Staaten der zivilisierten Welt ins Auge fasst. In dem Maße, wie Mengen von Kohlen zutage gefördert werden, liegt das, was durch die technische Verarbeitung umgewandelt wird in Arbeitskräfte, die dann mehr oder weniger selbstständig arbeiten, die von dem Menschen nur dirigiert werden, sodass die menschliche Arbeit in der neuesten Zeit sehr stark in die dirigierende Stellung zurückgetreten ist und der Mensch die Maschine arbeiten lässt.

Wenn man diese Sachlage überschaut, so kommt man darauf, dass in der Zeit, die dem Kriegsausbruch vorangegangen ist, in Deutschland an solchen Energien, die von den Menschen dirigiert werden, die aber von der Kohleförderung abstammen, die nicht ein Ergebnis dessen sind, was der Mensch innerlich in sich entspringen lässt, sondern ein Ergebnis ganz äußerlicher Vorgänge, ganz äußerlicher Maßnahmen sind, dass innerhalb Deutschlands an solchen Energien 79 Millionen «Pferdekraftjahre» aufgebracht wurden. Man rechnet das, was an Energien aufgewendet wird, nach der Arbeit, die ein Pferd in einem Jahr leistet, sodass man in Deutschland in der Zeit, die dem Kriegsausbruch unmittelbar voranging, an technischen Energien, die aus der Kohle stammen, 79 Millionen Pferdekraftjahre hatte.

Was heißt das eigentlich? Wenn wir das mit der Einwohnerzahl Deutschlands vergleichen, so bedeutet das, dass in Deutschland jeder einzelne Mensch im Durchschnitt ein Pferd neben sich hatte. Das heißt, dass im Gebiet des Technischen von der Bewohnerschaft Deutschlands so viel gearbeitet wurde, wie wenn jeder Mensch zur Arbeit das ganze Jahr hindurch ein Pferd neben sich gehabt hätte. Dadurch kommen dann, ebenso wie annähernd 79 Millionen Menschen vorhanden sind, 79 Millionen Pferdekraftjahre heraus.

Also in dem, was Maschinen der verschiedensten Art erarbeiten, war das gegeben, was zustande käme, wenn an die Seite eines jeden Menschen ein Pferd gestellt würde und von dem Arbeit verrichtet würde. Diese Möglichkeit, solche Arbeit zu verrichten, die war da, als der Krieg ausbrach. Und indem man einen großen Teil dieser Arbeit in den Dienst des Krieges stellte, war die Sache so, dass an die Front das gerückt wurde, was das Ergebnis, das rein technische Ergebnis von 79 Millionen Pferdekraftjahren war.

Nehmen wir dazu einige andere Zahlen. Ich will zunächst nur die Zahl hinzufügen, damit wir ein deutlicheres Bild bekommen, dass im Jahr 1870, wo nach Ansicht der Leute auch ein großes Ereignis stattfand, dass da nicht 79 Millionen Pferdekraftjahre erzeugt wurden, sondern bloß 6 ganze und $^{7}/_{10}$ Millionen Pferdekraftjahre, also etwas, was kaum erheblich in Betracht kam gegenüber dem, was Menschen leisteten. Etwa 6 ½ Millionen Pferdekräftejahre 1870 und 79 Millionen Pferdekraftjahre 1912. Das bedeutet selbstverständlich eine Umänderung der ganzen menschlichen Situation.

Und nehmen wir noch einige andere Zahlen dazu: In derselben Zeit, die der Kriegskatastrophe vorangegangen ist, hatten Frankreich, Russland und Belgien zusammen 35 Millionen Pferdekraftjahre, Großbritannien 98 Millionen Pferdekraftjahre zur Verfügung. Diese 98 Millionen Pferdekraftjahre waren aber durch die besondere Lage Großbritanniens nicht in der Lage, gleich an die Front in genügendem Maße konzentriert zu werden, sondern erst im Laufe einiger Jahre. Sodass also beim Ausbruch des Krieges nicht nur Menschen einander gegenüberstanden, sondern vorgeschoben an die Fronten waren von Deutschland 79 Millionen Pferdekraftjahre, von den Mittelmächten etwas über 90 Millionen – ein großer Teil davon war natürlich in den Dienst der Kriegsindustrie gestellt, also indirekt an die Front geschoben worden. Dem standen gegenüber, nach und nach entwickelbar, von Großbritannien 98 Millionen Pferdekraftjahre, von Belgien, Russland und Frankreich zusammen 35 Millionen Pferdekraftjahre.

Nun können wir uns eine Vorstellung davon machen, dass es richtig ist, wenn jemand sagt: Im Grunde genommen war durch das, was Menschen taten, zunächst nur ein vorläufiges Resultat gegeben. Von dem Generalstab hing eigentlich bloß der Abmarsch ab; der konnte in einer gewissen geistvollen Weise ausgedacht werden. Aber nachdem die Fronten einige Zeit entwickelt waren, standen da, vom Menschen ganz unabhängig, technisch hervorgebrachte Pferdekraftjahr-Energien einander gegenüber. Und von der gegenseitigen Größe dessen, was aus dem menschlichen Wirken herausgenommen war, hing das Schicksal dieser Menschheitsentwicklung ab.

Und wenn wir zu dem, was ich gesagt habe, das Folgende hinzunehmen, dann werden wir sehen, wie durch vom Menschen unabhängige Kräfte, namentlich durch das, was die Technik in der neuesten Zeit zutage förderte, die Dinge zustande gekommen sind, die sich zugetragen haben. Wir sehen also etwas, was die Lage selbst ergab, was nicht die Menschen bewirken konnten – sie konnten ja nur dirigieren, höchstens Dinge verhindern. Durch das, was nur dirigiert und nicht verhindert wurde, wurden objektiv, vom Menschen losgelöst, Kräfte ins Feld geführt, durch die nach objektiven, vom Menschen unabhängigen Gesetzen, die einen die anderen überwinden konnten.

Wir nehmen dazu das, was dann eingetreten ist, dass Amerika in die ganze Entwicklung eingriff. Amerika stand so, dass es in derselben Zeit, in der die anderen die genannten Pferdekraftjahre ins Feld führen konnten, 179 Millionen Pferdekraftjahre mobil machen konnte. Da haben wir das gegenseitige Verhältnis dessen, was aus der Technik heraus an Kräften mobil gemacht werden konnte, an Kräften, die ganz losgelöst sind von dem, was aus dem Menschen fließt. Das ist natürlich mit dem zusammenhängend, was die Menschen ausgedacht haben, aber das, was die Menschen ausgedacht haben, ist in diese Richtung hingelenkt worden, sodass zuletzt die Sache so stand, dass eine objektive Kraft einer anderen objektiven Kraft gegenüberstand, was ganz selbstverständlich den Ausschlag geben musste.

Der Mensch hat in der neuesten Zeit sein Schicksal vollständig so gelenkt, dass er, wenn so etwas eintritt, was früher in ganz anderer Weise ablief, dieses Schicksal an die Kräfte ausliefert, die in seinen eigenen Produkten arbeiten und in denen er von der Produktivität der Erde abhängig ist, von lauter Faktoren, die nicht innerhalb seiner Haut sind.

Da weisen wir auf etwas hin, meine lieben Freunde, was charakteristisch ist für die neuere Zeit. Und das, was ich angeführt habe, ist nur der eklatanteste Fall. Man kann an solchen eklatanten Fällen die Sache anschaulich machen, aber das, was sich da im Riesenhaften – man kann nicht einmal sagen im Großen, man muss sagen im Riesenhaften – zugetragen hat, es geschieht alltäglich in unserem gesamten Schicksal.

Auch im Kleinen ist unser gesamtes Schicksal an das ausgeliefert, was die Technik macht. Denn in Deutschland war es im Jahr 1912 so weit gekommen, dass der Mensch aus seiner geistigen Produktivität etwas herausgesetzt hat, was so viel arbeitete, als wenn neben ihm ein Pferd arbeitete. Das ist das Charakteristische der neueren Zivilisation, und dieses Charakteristische der neueren Zivilisation muss man scharf ins Auge fassen.

Denn was lebt in dem, was da der Mensch innerhalb der neueren Zivilisation an objektiv wirksamen Kräften hinaussetzt, die täglich für ihn arbeiten und sein Schicksal bestimmen, was lebt da drinnen? Da drinnen lebt, wenn wir das Verhältnis dieser Kräfte zum Menschenschicksal ins Auge fassen, da drinnen lebt die Kraft, die wir in unseren Betrachtungen gewohnt sind die ahrimanische Kraft[1] zu nennen. Da drinnen leben die ahrimanischen Kräfte.

Von diesen ahrimanischen Kräften wird man sagen müssen: Mit einer riesigen Schnelligkeit hat ihre Macht zugenommen. Denn wir brauchen nur die zwei Zahlen zu vergleichen: Im Jahr 1870 arbeiteten in Deutschland 6 ½ Millionen Pferdekraftjahre, was nicht so viel

1 Der Geisteswissenschaftler sieht überall geistige Wesen am Werk. Rudolf Steiner nennt «luziferisch» die Geister, die zum einseitigen Spiritualismus verführen, «ahrimanisch» die Mächte, die zum Materialismus treiben.

neben einem Menschen ergibt; im Jahr 1912 arbeiteten in Deutschland 79 Millionen Pferdekraftjahre. Da haben wir die ganze Summe dessen, was unser Wirtschaftsleben beeinflusst, was auch unser ganzes übriges Leben beeinflusst. Da haben wir das, was in einer Welt vorgeht, die der Mensch zwar konstruiert hat, die aber unabhängig von dem dasteht, was der Mensch in seinem Wesen ist.

Diese Kräfte stehen im krassesten Gegensatz zu all dem, was gewirkt hat, wenn Menschen in den alten orientalischen Kämpfen einander gegenübergestanden haben, wo nur luziferische Kräfte gewirkt haben, wo Menschen einander gegenüber gestanden haben wie selbst noch in den Tataren-Einfällen in Europa und so weiter. Das macht man sich oftmals nicht klar, meine lieben Freunde, vor welcher neuen Welt der Mensch heute steht, und wie verhältnismäßig schnell diese neue Welt heraufgezogen ist.

Anthroposophisch orientierte Geisteswissenschaft hat auch die Aufgabe, die ganze Tragweite einer solchen Tatsache ins Auge zu fassen. Denn das, was ich da geschildert habe, ist nur die Außenseite. Wir kommen mehr ins Innere, wenn wir das erfassen, was früher als luziferische Kräfte und was jetzt als ahrimanische Kräfte sich geltend macht, zwischen denen der Mensch mittendrin steht. Wir müssen uns erst eine konkrete Vorstellung von dem bilden, was wir das Ahrimanische und das Luziferische nennen.

Denken wir an das, was sich im Menschen selbst, im menschlichen Seelenleben abgespielt hat in jenen alten Zeiten, in denen sich in den großen Menschheitskämpfen vorzugsweise Luziferisches geltend machte. Da sahen die Menschen auf die Welterscheinungen hin, und wir wissen, dass sie diese Welterscheinungen so sahen, dass innerhalb der Welterscheinungen ihnen eine gewisse Summe von Elementarwesen (Naturgeister) erschienen, dämonenhafte Wesen erschienen. Die materialistische Wissenschaft sagt, es wäre das Zeitalter des «Animismus» gewesen, die Menschen hätten in die Naturerscheinungen allerlei Nixen, Gnomen und so weiter hineingeträumt.

Aber wir wissen, dass in den Naturerscheinungen tatsächlich geistige Wesenheiten leben. Geradeso wie jetzt der Mensch nur nüchterne, trockene Naturerscheinungen sieht, so haben die Menschen jener alten Zeiten in den Naturerscheinungen geistige Entitäten, geistig Wesenhaftes gesehen. Man nennt das heute «Aberglaube», das ist aber nach dem Geschmack der Gegenwart.

Wir wissen, dass es sich darum handelt, dass die Menschen auf etwas hingewiesen haben, was sie geistig in den Naturerscheinungen geschaut haben, auf etwas Wirkliches in ihrer Wahrnehmung. In all dem, was die Natur dem Menschen darbot, sahen diese Menschen solche elementarischen Wesenheiten. In ihr Bewusstsein – mag das noch so instinktiv, noch so dunkel und traumhaft gewesen sein –, in ihr Bewusstsein leuchtete etwas von diesen elementarischen Wesenheiten herein.

Dann kamen die Zeiten, in denen das Bewusstsein getrübt wurde für diese Wahrnehmung des Geistigen in den Naturerscheinungen, in dem, was um den Menschen herum ohne sein Zutun als Natur zustande kommt. Und es entstand unsere moderne intellektualistische Auffassung, es entstand das, was man heute «Wissenschaft» nennt, wo man es nur mit dem zu tun haben will, was aus der Natur gezogen werden kann an solchen Kräften, die sich durch abstrakte Ideen darstellen lassen – kurz das, was der Inhalt des menschlichen Intellektes ist.

Aber ohne dass der Mensch es ahnt, entwickelt sich in verhältnismäßig kurzer Zeit – nehmen wir die Zeit von 1870, wo in Deutschland 6,7 Millionen Pferdekraftjahre wirksam waren, bis 1912, wo 79 Millionen Pferdekraftjahre wirksam waren –, entwickelt sich in verhältnismäßig kurzer Zeit eine neue Welt, eine Welt, die vorher nicht da war und die jetzt in der Umgebung des Menschen da ist. Von dieser Welt hängt das menschliche Schicksal bei großen Ereignissen, wie die letzten Jahre sie gebracht haben, so ab, wie früher das menschliche Schicksal von den Naturerscheinungen abhängig gewesen ist.

Und in diesen Kräften, die da vorhanden sind und die ohne den Menschen wirken, wie auch die Naturkräfte ohne den Menschen wirken, da sind genauso Dämonen, genauso Elementarmächte drinnen, nur wirken sie in einer anderen Weise auf den Menschen als diejenigen, die früher von dem Menschen in den Naturerscheinungen beobachtet wurden.

Die Menschen sahen damals die Naturerscheinungen an und konstatierten (stellten fest): Darin wirken Elementarwesenheiten. Das wirkte auf das Bewusstsein, das machte die Seele mit den Naturerscheinungen bewusst ab, das stellte einen Bewusstseinszusammenhang mit den Naturerscheinungen her. Heute ist der Mensch «aufgeklärt», und so wie er es als einen Aberglauben betrachtet, geistige Mächte in den Naturerscheinungen zu sehen, so kommt er auch nicht darauf, zu ahnen, dass in all dem, was er selbst hergestellt hat, dass im ganzen Umfang der Technizismen (technischen Mechanismen; fortan: Technik°) dämonische Wesenheiten wirken. Er kann nicht so leicht darauf kommen, denn die wirken jetzt auf den Willen, von dem wir oft gesagt haben, dass er «schläft». Sie wirken im Unterbewussten, sie ergreifen den Menschen im Unterbewussten.

Und die Folge davon ist, dass, während der alte Mensch in die Betrachtung der Naturerscheinungen wenigstens in sein Bewusstsein etwas von den dämonischen Gewalten hineinnahm, heute in der Technik° dämonische Gewalten rumoren und im Menschenwillen weiter wirken, und der Mensch sich noch nicht bequemt, dieses anzuerkennen. Denn erstens wirkt es in seinem Unterbewussten, zweitens erscheint es ihm als ein Aberglaube, zu sagen: In den Maschinen, die ich erzeuge, wirken dämonische Wesenheiten.

Sie wirken aber trotzdem. Und während die Wesenheiten, die der Mensch in den alten Zeiten in den Naturerscheinungen sah, luziferischer Natur waren, sind die Wesenheiten, die in den Maschinen, in der Technik° drinnen wirken, ahrimanischer Natur. Der Mensch umgibt sich mit einer ahrimanischen Welt – mit einer ahrimanischen Welt, die ganz selbstständig wirkt.

Wir sehen, welches der Gang der Menschheitsentwicklung ist: Aus der luziferischen Welt, die aber in sein Bewusstsein hineinwirkte und da sein Schicksal bestimmte, segelt der Mensch – und zwar gerade in der Gegenwart mit einer gewissen Raschheit – in eine ahrimanische Welt hinein.

Eine große Gefahr ist da vorhanden. Weil diese ahrimanische Welt auf seinen Willen wirkt, den er durch die intellektualistische Wissenschaft nicht in sein Bewusstsein unmittelbar heraufbekommen kann, ist die Gefahr vorhanden, dass diese ahrimanische Welt den Willen des Menschen ergreift und der Mensch innerhalb der dämonischen Gewalten der Technik° ganz direktionslos (richtungslos) wird.

Das, was im Osten Europas geschieht[2], wo man aus der Denkweise der Gegenwart heraus die Wirtschaft zu einer großen Maschine militarisieren will, wo auch die Menschen so ausgebildet werden wie sonst die Maschinen, wo die Menschenarbeit vom Menschen gänzlich losgelöst wird – was da geschieht, ist die Aufrufung von Willensdämonen, in deren Gebiet der Mensch hineinsegelt.

Vom Luziferischen ins Ahrimanische – das ist auch etwas, meine lieben Freunde, von dem man sagen muss: So geht der Gang der Menschheitsentwicklung. Und wir stehen mittendrin in diesem Herausgehen aus dem Luziferischen und Hineinsegeln in das Ahrimanische. Das Luziferische ist in vielfacher Weise schon vorhanden, das Ahrimanische ergreift jetzt die Menschen. Das Luziferische lebt mehr in den Gefühlen, das Ahrimanische wirkt mehr aus dem menschlichen Verstand – und der menschliche Verstand verwirklicht sich, verkörpert sich in der Technik°.

Da hinein stellt sich, um dem Menschen eine Richtung zu geben, das Christus-Ereignis, das wir für die erste Hälfte des 20. Jahrhunderts zu erwarten haben.

Dieses Christus-Ereignis wird darin bestehen, dass durch objektive Erlebnisse immer mehr Menschen wissen werden: Es wandelt auf

---

2 Gemeint ist Russland nach der Revolution von 1917.

der Erde der ätherische Christus[3], derjenige Christus, der die Macht darstellt, die einstmals in dem Christus Jesus physisch auf der Erde gewandelt ist. In dem Sichbekanntmachen mit dieser Christus-Macht, in dem Sichdurchdringen mit dieser Christus-Macht liegt die Möglichkeit, das notwendige Heraufziehen der ahrimanischen Mächte in der richtigen Weise auf sich wirken zu lassen. Das Unglück unserer Zeit besteht darin, dass die Menschen in das Ahrimanische hineinsegeln, ohne durch die Christus-Kraft getragen zu sein.

Es ist also etwas sehr Positives, etwas sehr Konkretes, auf das wir hinweisen, wenn wir von diesem Einschlag in die menschheitliche Entwicklung im 20. Jahrhundert als das Wiedererscheinen des Christus sprechen, das ich in meinem ersten *Mysteriendrama* schon angedeutet habe. Wir können verfolgen, was sich in den Menschenseelen abspielen wird, indem diese Menschenseelen diesem Christus-Ereignis entgegenleben.

Ich habe neulich auch im öffentlichen Vortrag angedeutet, dass die jeder Weltanschauung entbehrende Wissenschaft des Westens mit ihrer Erkenntnis vor dem Menschen haltmacht. Man begreift das Unlebendige, man systematisiert es. Man theoretisiert über das Lebendige, und

---

3 Das Ätherische (das Lebendige) ist die erste Form des Übersinnlichen – neben dem Astralischen (dem Seelischen) und dem Geistigen (dem Ichhaften).

der Darwinismus kommt nicht weiter als bis zur Entwicklung der Tiere. Er stellt an die Spitze der Tiere den Menschen, aber vor dem Menschen selbst macht er eigentlich halt. Er kommt mit der Erkenntnis nicht bis zum Menschen.

Aber auch die Erfassung der sozialen Begriffe macht vor dem Menschen halt. Ich habe gezeigt, wie die Praktiker eigentlich Routiniers (Gewohnheitsmenschen) sind, wie sie bei dem Ahrimanisch-Technischen stehenbleiben. Das haben sie in ihren Kassenbüchern, darüber werden Aktiva und Passiva aufgezeichnet. Aber vor den Menschen, mit denen sie arbeiten, bleiben sie stehen. Diese Menschen machen gerade ihre Menschenwürde geltend, aber es wird keine Brücke hinübergeschlagen von dem, der Arbeitsleiter ist, zu dem Arbeitenden. Auch das praktische Leben macht vor dem Menschen halt. Die Erkenntnis macht vor dem Menschen halt, das praktische Leben macht vor dem Menschen halt.

Das ist heute auf der einen Seite Theorie, oder sagen wir Nicht-Theorie, Unvermögen der Theorie, der Erkenntnis, auf der anderen Seite etwas, was im sozialen Leben sehr zur Geltung kommt. Denn das, was man nicht in die Bücher geschrieben hat, das ist es, was sich heute in Streiks und revolutionären Bewegungen geltend macht.

Damit hat man nicht gerechnet, das ist nicht in die Buchführung übergegangen. Im Leben aber erscheint es. Es entwickelt sich ebenso gut aus der Arbeit in der Industrie, aus der Arbeit im Handel und so weiter heraus, wie sich irgendwelche produzierten Artikel daraus entwickeln. Nur hat man das, was heute in den Menschen rumort, nicht in seine Kassenbücher einbezogen. Das Leben aber hat es einbezogen, im Leben macht es sich geltend.

Über das, was ich vorgebracht habe, was ich neulich auch im öffentlichen Vortrag gesagt habe, denken die wenigsten Menschen nach. In dieser Beziehung hat das 19. Jahrhundert recht Nebuloses über die Menschen gebracht. Im 18. Jahrhundert gingen radikalen Geistern schon einige Lichter auf über das, was sich da allmählich vorbereitete. Das 19. Jahrhundert hat dann die bekannten großartigen Ereignisse gebracht und Verwirrung angerichtet.

Pierre Bayle hat im 18. Jahrhundert ein merkwürdiges Wort ausgesprochen. Er war ganz Materialist, einer der Materialisten des 18. Jahrhunderts, die schon die richtigen Vorläufer des Materialismus des 19. Jahrhunderts waren. Dieser Pierre Bayle hat das Wort ausgesprochen:[4]

4 vgl. *Pierre Bayle. Ein Beitrag zur Geschichte der Philosophie und Menschheit.* Von Ludwig Feuerbach (2. Aufl. Leipzig 1848), S. 63-64:

> «Eine Gesellschaft von Atheisten würde die bürgerlichen und moralischen Tugenden eben so gut als die übrigen Gesellschaften realisiren, wenn sie nur die Verbrechen strenge bestrafte und die Vorstellungen der Ehre und Schande an gewisse Dinge knüpfte; denn dadurch, daß die Glieder der Gesellschaft nichts wüßten von einem ersten Wesen als einem Erhalter und Schöpfer der Welt,

Es kann einen Staat geben, in dem Ehre und Schande, Ehrgeiz und Egoismus und so weiter herrschen, aber es kann keinen Staat geben, in dem christliche Seelenverfassung wirksam ist. Es kann einen Staat geben, in dem die alten heidnischen Tugenden und Untugenden herrschen, aber es kann keinen christlichen Staat geben. So sagte Pierre Bayle, der radikale Materialist. Und er hatte mehr Recht als irgendeiner der idealistischen Geister des 19. Jahrhunderts.

Denn diese idealistischen Geister machten sich vor, dass Staaten christlich sein können. Sie sind es nicht in Wirklichkeit. Studiere man das Christentum des Mittelalters, jenes Christentum, das Pierre Bayle meint: Das beruhte darauf, dass man die Erde verneinte, dass man die Tugend darin sah, sich zu einem Leben zu erheben, das nicht irdisch ist. Im 18. Jahrhundert entwickelte sich dann ein Leben, das vorzugsweise das Irdische pflegen wollte. Deshalb sagte Pierre Bayle: Einen christlichen Staat kann es nicht geben, und er sagte die Wahrheit.

---

würden nicht die Gefühle für Ehre und Schande, für Lohn und Strafe und alle sonstigen Leidenschaften, welche die übrigen Menschen bewegen, ausgerottet, auch nicht alle Erkenntnisse der Vernunft vertilgt. [...] Die Begriffe der Ehre und Schicklichkeit, welche unter den Christen herrschen und je nach verschiedenen Zeiten und Völkern verschieden sind, kommen keineswegs aus ihrer Religion.» (Zitiert u. übersetzt aus: Oeuvres diverses de Mr. Pierre Bayle, Tome troisième, La Haye 1787: *Pensées diverses, Ecrites à un docteur de Sorbonne, A l'occasion de la Comete qui parut au mois de Décembre 1680,* § CLXXII, S. 109-110).

Im 19. Jahrhundert, im Beginn des 20. Jahrhunderts sagte man die Lüge, indem man sich selbst und den anderen Menschen weismachen wollte, es könnte das, was allmählich als moderne Staaten entstanden ist, durchchristet sein. Das können sie nicht.

Aber etwas anderes entstand dadurch. Man war davon durchdrungen, wenn man auf der Kanzel stand oder wenn man das anhörte, was von der Kanzel heruntertönte, dass man recht christlich sei. Oder wiederum, wenn man an sein Amt ging, seine Orden anlegte oder sich seiner Titel bediente, die einem der Staat gegeben hatte, da bildete man sich auch ein, ein Christ zu sein. Man war es nicht in Wirklichkeit, denn dass man da drinstand, war dadurch gegeben, dass man kein Christ war.

Man gewöhnte sich in ein lügenhaftes Leben hinein, man gewöhnte sich ab, die wichtigsten Tatsachen des Lebens wahrheitsgemäß zu sehen. Und das erzeugte jene nebulose Atmosphäre, die gar nicht aufkommen ließ eine unbefangene Ansicht über das, was da allmählich heraufkam: die Ahrimanisierung der Welt.

Es ist viel über die Lügenfeldzüge der letzten Jahre geredet worden. Aber diese Lügenfeldzüge sind das, an das sich die Menschen in der neueren Zeit in den wichtigsten Dingen gewöhnt haben. Sie haben sich an das Lügen über die wichtigsten Dinge gewöhnt – warum sollte über die Dinge, über die geredet wurde während der Kriegskatastrophe, just die Wahrheit gesagt werden, wenn die Menschen im 19. Jahrhundert gewohnt worden sind, die Wahrheit über die wichtigsten Angelegenheiten ihres Lebens nicht in den Bereich ihrer Seelenverfassung zu ziehen.

Es ist unbequem, diesen Dingen ins Antlitz zu sehen, aber das ist gerade das Schlimme, dass diesen Dingen nicht ins Antlitz gesehen wird. So steckt der moderne Mensch in der Not drinnen, die durch die innere Unwahrhaftigkeit heraufgekommen ist. Und aus dieser Atmosphäre heraus wird sich eine ganz bestimmte Stimmung entwickeln.

Das, was bisher bloß Theorie war, bloß Erkenntnis war – das Nicht-Hingelangen des Menschen bis zum Menschen, das Stehenbleiben vor dem Menschen –, und das, was sich auch im sozialen Leben als dieses Nicht-Hingelangen bis zum Menschen entwickelt hat, das wird sich auf die menschliche Seele ablagern. Was als äußere Technik° auf den Willen wirkt, das wird aus dem Unterbewussten in das Gemüt herauf reagieren.

Es wird nicht ein Bewusstsein davon erzeugt werden können, denn es lebt im Unterbewussten, aber es wird eine Stimmung erzeugen. Im Laufe der nächsten Jahrzehnte, ja im Laufe der nächsten Jahre, wird über eine große Anzahl von Menschen immer mehr diese Stimmung heraufkommen.

Man wird in den Schulen Kinder unterrichten, und man wird bemerken: Diese Kinder bringen Empfindungen herauf, die die Alten gar nicht hatten. Es war auch schon in vergangenen Zeitaltern so etwas da, aber in der nächsten Zeit wird es in erhöhtem Maße der Fall sein. Und nur aus der geisteswissenschaftlichen Erkenntnis der Gegenwart heraus wird man taxieren (einschätzen/beurteilen) können, was sich da aus den Untergründen der Seelen der heranwachsenden Menschen entwickelt.

Eine große Sehnsucht wird sich entwickeln, etwas wie eine sehnsüchtige Entbehrung. Denn das, was zunächst nur Unvermögen der Theorie ist, den Menschen zu erkennen, was Unvermögen des sozialen Lebens ist, in die Geschäftskalkulationen die Menschenbegabungen aufzunehmen, das wird sich zum Fühlen, zum Empfinden verdichten.

Menschen werden erstehen – und man wird sie sehen, diese Menschen, in den heranwachsenden Generationen –, die empfinden werden: Ja, da stehe ich, ich habe eine Gestalt anders als die anderen Wesen, die um mich herum sind. Ich schaue nicht wie die Tiere aus, nicht wie ein Ochse, ein Esel, ein Wiesel, ein Adler, ich schaue anders aus, aber ich weiß nicht, was das eigentlich ist, was da anders ausschaut. Ich weiß nicht, was ein Mensch ist. Ich weiß nicht, was ich selbst bin.

Melancholie und Hypochondrie (Trübsinn/Schwermut) werden sich über die Seelen der heranwachsenden Generation lagern. Man wird das in den Schulen bei der Erziehung, beim Unterricht bemerken können als eine Zeitstimmung. Es wird eine Zeitstimmung sein, die ins Große geht.

Die Menschen sind heute so furchtbar oberflächlich, dass man schwer über solche Dinge zu unseren Zeitgenossen reden kann.

Aber um mich begreiflich zu machen, möchte ich darauf aufmerksam machen, dass im 18. Jahrhundert die Menschen, die etwas von der Seele des Zeitalters verstanden, vom Werther-Fieber sprachen. Goethe hat aus dieser allgemeinen Seelenstimmung einer großen Anzahl von Menschen heraus seinen *Werther* geschrieben. Dann erschien der Roman *Siegwart*. Der war aus dem Siegwart-Fieber der zweiten Hälfte des 18. Jahrhunderts heraus geschrieben. Das waren Zeitstimmungen, die sich nur bei einem beschränkten Kreis von Menschen geltend machten.

In weitesten Kreisen wird aber eine solche Stimmung in den Seelen heraufkommen, die man so ausdrücken kann: Ja, was bin ich als Mensch? Was ist das Wesen, das ich selbst bin, das auf zwei Beinen geht? Ich habe eine Wissenschaft, die ich ins Großartige getrieben habe, ich habe ein soziales Leben: Beide machen halt vor dem, was ich selbst als Mensch bin.

Diese Stimmung, die das große Fragezeichen der Zeit vor der eigenen menschlichen Wesenheit sein wird, diese Stimmung, sie wird die Seelenaugen für das Wahrnehmen dessen vorbereiten, was schwer zu schildern ist, was aber als das neue Christus-Ereignis heraufkommt.

Man wird aus dieser Kraft, die aus der Sehnsucht hervorgeht, die Erscheinung des Christus sehen. Die äußere Not wird sich in innere

Seelennot verwandeln, und aus dieser Seelennot heraus wird das Schauen geboren werden, das Schauen des Christus, der übersinnlich unter den Menschen wandelt und an den sie sich werden halten müssen, damit sie nicht aus dem Luziferischen in das Ahrimanische hineinsegeln.

Was nützte uns alle Wissenschaft, wenn sie uns nicht dazu bringen würde, ganz im Konkreten das menschliche Leben zu begreifen. Wir müssen uns klar sein: Der Mensch, der in der Gegenwart dasteht, hat eine ganze Reihe von Erdleben schon hinter sich. Wir leben in wiederholten Erdleben: Wir selbst waren jene Menschen, welche die elementaren Gewalten in den Naturerscheinungen gesehen haben. Wir selbst waren jene Menschen in unseren früheren Erdleben, wir bringen die Ergebnisse dieser früheren Erdleben in dieses Leben herein. Damals haben wir gewusst: Um uns herum sind schicksalsbestimmende Naturgeister, die tragen wir in uns.

Heute schauen wir mit unserem bloßen Intellekt, nur mit unserem Kopf in die Natur hinaus, auch auf die Technik°, die wir selbst hervorbringen. Wir sehen nichts anderes als das, was Inhalt unseres Intellektes ist. Und das, was in uns rumort aus vielen Erdleben, die wir durchlebt haben, was wir jetzt aber nicht sehen, das ist das, was ich als große Sehnsucht, als sehnsüchtige Entbehrung bezeichnet habe. Wir waren einmal die Menschen, die in die Natur hineingeschaut haben und in ihr das Geistige gesehen haben. Dadurch konnten wir in uns fühlen, was ein Mensch ist.

Jetzt haben wir eine Wissenschaft und eine soziale Empfindung, die vor dem Menschen stehenbleiben. Wir tragen von unserem früheren Schauen in die Umgebung die Anlage in uns, uns als Mensch zu fühlen. Wir schauen heute in die menschenleere Natur hinein, wir bleiben vor dem Menschen stehen. Das wird die große Seelennot der nächsten Jahrzehnte erzeugen. Diese Seelennot ist eine positive Macht, und herausgeboren aus dieser positiven Macht wird die Fähigkeit entstehen, den Christus zu schauen.

Die alte Art, sich zum Christus zu verhalten, hat die allermodernste Theologie vernichtet. Unter dem Einfluss der modernen Theologie ist aus dem Christus der «schlichte Mann aus Nazareth» geworden. Kann heute überhaupt ein Verhältnis des Menschen zu dem Christus-Ereignis stattfinden, wenn nicht eine Erneuerung unseres Geisteslebens Platz greift?

Die katholische Kirche hat genau gewusst, warum sie niemals das Evangelium unter die Menge lassen wollte. Für die Gläubigen der katholischen Kirche ist theoretisch heute immer noch das Lesen der Evangelien verboten. Und die Albigenser, die Waldenser, die sich diesem Verbot nicht fügen wollten, sind zu Ketzern erklärt worden, weil man gewusst hat, was entsteht, wenn man die Evangelien der Menge übergibt.

Da hat man vier Evangelien. In solch vierfacher Gestalt kann das Göttliche zu dem Menschen sprechen, aber aus dem Intellekt heraus kann man nicht auf vier verschiedene Weisen dem Menschen ein Ereignis nahebringen, wie es in den Evangelien geschildert ist. Da entwickeln sich dann Widersprüche. In demselben Moment, wo man den Evangelien die geistige Wirklichkeit abspricht, wo man sie als Produkte des menschlichen Intellekts ansieht, muss man sie widerspruchsvoll finden, da sind sie voller Widersprüche. Was da heraufgekommen ist, das ist die Vernichtung aller Anschauung des Mysteriums von Golgota.

Und wiederum lebt man in der Lüge, wenn man Christ sein will und den Quell verschüttet und negiert, wenn die moderne Theologie kein Christentum mehr in sich enthält. Um zum Christentum wieder zu kommen, muss man zu einer neuen Geistesanschauung kommen. Es muss wiederum der Schatz gehoben werden, den wir in unserer Seele angesammelt haben, den wir durch viele Erdleben durchgetragen haben.

So wie wir dastehen im jetzigen Leben, ist dieses Leben der Ausgangspunkt für die folgenden Erdleben. Wie als Erbschaft der früheren Erdleben in unseren Seelen das lebt, was wir als abstrakte Wissenschaft und als konkrete innere Stimmungen in der Seele tragen, so wird das, was wir von der Außenwelt im jetzigen Leben in uns als Anlage aufnehmen, in die folgenden Erdleben hinüberleben.

Der alte Mensch hat von der Außenwelt seine von Elementarwesen durchsetzte Naturanschauung gewonnen. Als wir früher auf der Erde waren, haben wir die Natur angeschaut und die Eindrücke von den Elementarwesen bekommen. Das tragen wir in uns. Unser jetziges Leben ist von dem bestimmt, was durch das «Pferd» entsteht, das durch die Technik° neben uns arbeitet, wie ich es vorhin geschildert habe. Das fließt in uns ein. Das gestalten wir in uns zu einem Fond (Grundlage) für die folgenden Erdleben – wenn wir nichts anderes dazu tun. Da drinnen leben die neuen Dämonen, die ahrimanischen Dämonen.

Wir bereiten uns nicht gut für die folgenden Erdleben vor, wenn wir uns den ahrimanischen Mächten überliefern. Was die Maschinen in uns sind, das bereiten wir als unser Wissenschaftsleben für die nächsten Erdleben vor. Was der Kanonendonner an den Fronten ist, was da wirkt in den Maschinen, das gliedern wir uns ein. So wollen wir unbewusst in dem nächstfolgenden Erdleben auferstehen.

Aber der Mensch ist nicht bloß Intellekt, er hat noch anderes in seinem Wesen. Er hat Empfindungen, er hat Gefühle, die sich mit dem abfinden müssen, was von der Technik°, von den Maschinen hereinkommt. Da kommt noch ein anderes Gefühl zu dem, was ich vorhin geschildert habe.

Ich habe vorhin von dem Gefühl entbehrender Sehnsucht, sehnsüchtiger Entbehrung gesprochen. Was die Seele im Unterbewussten mit der Technik°, mit den ahrimanischen Mächten vereinigt, das reagiert herauf, das kommt ins Bewusstsein herein als Gedanken, als Ideen – aber es kommt als etwas herauf, was ähnlich ist der Furcht. Und zu der sehnsüchtigen Entbehrung wird man heraufkommen sehen bei den Kindern, die man in den nächsten Jahren und Jahrzehnten in der Schule haben wird, eine unbestimmte aber deshalb nicht weniger lebendige Furcht vor dem Leben, die sich in Nervosität äußern wird, die sich in einem zappeligen, nervösen Wesen äußern wird – ich meine das handgreiflich. In der Anlage ist das, was ich schildere, heute schon da.

Da gibt es nur das eine: dass die Seelen sich mit dem erfüllen, was eine Kraft gibt, die die Erde selbst nicht geben kann: die Kraft, die von außen auf die Erde gekommen ist durch das Wesen des Christus, der wieder erscheinen wird. Das ist eine Kraft, die von der Erde selbst nicht kommen kann. Von der Erde kommt die Kraft der Technik°, die Kraft der 79 Millionen Pferde, die neben uns hergehen.

In uns selbst aber müssen wir das ausbilden, was von der Kraft des Christus kommt, damit wir im nächsten Erdleben nicht bloß von der Kraft der Technik° erfüllt sind. Es gibt keine andere Heilung für die Nervosität, die sich bei der heranwachsenden Generation geltend machen wird, als die Vorbereitung für das Christus-Ereignis der ersten Hälfte des 20. Jahrhunderts.

Man darf unsere Zeit nicht nach dem äußeren Anblick schildern, sondern man muss sie nach dem schildern, was sich als die hervorragendsten Empfindungen in den Menschen geltend macht. Das Wichtigste in unserer Zeit ist, dass die Menschen sich ein Auge für das aneignen, was im Inneren des Menschen lebt. Zumeist wird nur das geschildert, was äußerlich ist. Zu solchen Gebieten, wie es der europäische Osten eines ist, reisen Menschen wie Paquet und ähnliche hin, die nur Äußerlichkeiten schildern, die gar nicht in der Lage sind zu sagen, was die Menschen da erleben, die schon viel von der Zukunft erleben.

Wenn Geisteswissenschaft etwas Lebendiges werden soll, dann muss sie uns in das Verstehen gerade des Empfindungshaften, des Gefühlsmäßigen im Menschen hineinführen können. Denn nicht dadurch lernen wir das Leben kennen, dass wir in Abstraktionen schildern, wie das Christus-Ereignis sein wird, sondern dadurch, dass wir die Menschenseelen schildern, die auf der einen Seite sehnsüchtig und auf der anderen Seite fürchtend diesem Christus-Ereignis entgegenleben.

Wie kann der heutige Mensch so etwas verstehen wie die Besiegelung des Ausgangs der Kriegskatastrophe durch ahrimanische Kräfte und was objektiv daraus geworden ist, wenn er ganz von dem absieht, was die

Menschen durchgemacht haben, was sie gedacht haben? Das können die Menschen der Gegenwart nur richtig beurteilen, in seiner Wirkungsweise nur richtig abschätzen, wenn sie auf das Geisteswissenschaftliche eingehen.

Bedenken wir doch, was eine Tatsache wie diese bedeutet, dass zu den 79 Millionen Pferdekraftjahren von Deutschland, zu den 98 Millionen Pferdekraftjahren Großbritanniens und den 35 Millionen Pferdekraftjahren von Belgien, Frankreich und Russland, dass dazu die 179 Millionen Pferdekraftjahre von Amerika gekommen sind! Damit reden wir von den maßgebenden Ursachen des gegenwärtigen menschlichen Schicksals als von etwas, was ganz vom Menschen absieht. Der Mensch hat sich ganz an das ausgeliefert, was nicht menschlich ist.

Und jetzt betrachten wir in einem neuen Licht das, was wir gesagt haben: Der Mensch bleibt mit seiner Erkenntnis vor dem Menschen stehen, er bleibt im Unmenschlichen stehen. Er bleibt auch im Sozialen im Unmenschlichen stehen. Der Mensch erfüllt sein Schicksal, indem er nicht die Brücke hinüber zum Menschen findet. Er macht in der Erkenntnis und auch im Leben sein Schicksal von dem abhängig, was nicht menschlich ist. Er erzeugt als schicksalsbestimmend etwas, woran er als Mensch keinen Anteil hat.

Man muss nicht mehr von der Tapferkeit, von dem Geist, von der Genialität des Generalstabs und dergleichen sprechen, wenn man von dem

Ausgang eines Schicksalsbestimmenden spricht, sondern man muss von den Verhältnissen der Pferdekraftjahre in den verschiedenen Ländern sprechen. Man muss vom Menschen absehen, wenn man vom menschlichen Schicksal spricht.

Es wird einer starken Kraft bedürfen, damit die Menschen wieder kommen und diesem von dem Nicht-Menschlichen bestimmten menschlichen Schicksal entgegenrufen: Das Schicksal des Menschen muss wieder vom Menschen bestimmt werden!

Das kann aber nur geschehen, wenn die Menschen sich erfüllen mit der Kraft des Christus, der heranrückt und der ihnen ihre Menschenkräfte zurückgeben wird. Seiner selbst als Mensch kann nur derjenige Mensch wieder gewiss werden, der mit all dem wandelt, was da begründet worden ist an Technik, der sich aber nicht von der Technik° beherrschen lässt, sondern auch auf das schauen kann, was ihn als die Christus-Kraft durchdringt, die über alle Technik° siegen kann.

Das sind die Lehren, die wir heute aufnehmen müssen. Das sind die Worte, die darauf hinweisen, wie wir uns für das Christus-Ereignis vorbereiten sollen.

Mit all den Trivialitäten, meine lieben Freunde, die heute die öffentliche Literatur beherrschen, mit all dem Geschwätz, das heute an der Tagesordnung ist, kommt die Menschheit nicht vorwärts, sondern nur rückwärts. Einzig und allein mit dem, was aus geistigen Untergründen herausgeholt wird, kommt die Menschheit vorwärts. Ehe wir nicht den Ernst von so etwas wieder fühlen werden, eher kommen wir nicht vorwärts.

Das ist notwendig, dass wir uns klar sind: Die Menschheit hat es heute dazu gebracht, dass sie ringsherum eine Welt hat, eine ganz neue Welt, die Kräfte entwickelt, von denen ihr Schicksal abhängt. Und es sind wahrhaftig nicht bloß die kriegerischen Ereignisse, denn wenn wir auf die Straße gehen und die Fabriken sehen, von denen unser Schicksal bestimmt wird, so ist das dasselbe auch für den Alltag, nicht nur für die Schicksale von 1914. Was in all den Fabriken ist, die da dampfen, das sind ahrimanische Gewalten, bei denen der Mensch keine Geltung mehr hat.

Und wenn wir dann von der Fabrik ein Stückchen weitergehen, finden wir die Kirche. Was in der Kirche tradiert (überliefert) wird, ist etwas Abstraktes geworden. Das hat längst keinen Bezug mehr zum Leben da draußen. Das beschäftigt sich mit etwas, womit der Mensch nichts anfangen kann, wenn er der Lebenspraxis gegenübersteht. Das ist ebenso luziferisch, wie das in den Fabriken ahrimanisch ist.

Das ist wiederum etwas, was mit dem Schicksal der gegenwärtigen Menschheit zusammenhängt, furchtbar zusammenhängt: dass man da, wo man vom Geistigen spricht, die Möglichkeit verloren hat, mit diesem Geistigen in das Leben hineinzuwirken. Ich habe letzthin im öffentlichen Vortrag von den amerikanischen Pastorenrednern in der Schweiz und in anderen neutralen Ländern erzählt, die sagen: Der Völkerbund muss entstehen, denn der wird Heil und Segen für die Menschen bringen. Aus den Ideen der Staatsmänner wird sich aber der Völkerbund nicht entwickeln können, also muss man die Herzen der Menschen gewinnen, damit sie sich zu dem Völkerbund bekennen.

Wer einen unbefangenen Sinn hat, der wird wissen, dass es sehr schöne Reden sind, die da die Herren halten, dass aber derjenige die Zeit nicht versteht, der damit zufrieden ist, der sich damit begnügt, die Schönheit dieser Reden zu loben. Denn diese Worte könnten noch so honigreich sein, ihre Süße dringt nicht zu den Herzen der Menschen.

Die Herzen der Menschen sind heute voll von den Sorgen, die sie sich über das wirtschaftliche Leben machen, und keine Brücke ist da von dem, was als Worte aus den alten Bekenntnissen kommt. Mit denen kann man ebenso wenig einen Völkerbund machen wie mit den Worten, die von Woodrow Wilson, von Clemenceau und dergleichen kommen.

Das, um was es sich heute handelt, ist das Zusammenbringen der beiden: das Durchdringen des Lebens mit dem Geist und das Heranbringen des Lebens an den Geist. Geradeso wie das außerirdische

Christus-Wesen in dem Menschen Jesus Fleisch angenommen hat, sich mit der physischen Erde verbunden hat, so wird der in der ersten Hälfte des 20. Jahrhunderts erscheinende Christus nicht in der abstrakten Sprache der Religionsbekenntnisse reden, sondern er wird in der Sprache des praktischen Lebens reden. Und diejenigen, die nur immer in weltfremden, mystischen Höhen die Erbauung der Seele suchen, die werden ihn nicht verstehen.

Aber er wird vom Geist reden, auch wenn er vom praktischen Leben redet. Er wird der Geist sein, der sich mit dem praktischen Leben ebenso verbindet, wie sich damals das überirdische, übersinnliche Wesen Christus mit dem physischen Menschen Jesus verbunden hat. Wir brauchen ein solches neues Verständnis des Christus-Ereignisses, sonst werden wir es nicht würdigen können, wenn es über die Menschen kommt.

Man kann heute die Frage aufwerfen: Wie werden sich zu dem Christus-Ereignis von der ersten Hälfte des 20. Jahrhunderts diejenigen verhalten, die offiziell das Christentum predigen? Dazu ist im Evangelium beim richtigen Verständnis eine Art von Vorbild geschaffen. Das Evangelium redet von den «Schriftgelehrten und Pharisäern». Man urteilt nicht richtig, wenn man in der Gegenwart den Adolf Harnack auf die Seite der Christus-Bekenner setzt, man urteilt nur richtig, wenn man ihn, dem Evangelium folgend, auf die Seite der Schriftgelehrten und

Pharisäer setzt. Und noch mehr ähnliche Leute muss man auf diese Seite setzen.

Wir haben es nötig, ein richtiges Urteil zu gewinnen. Zur Wahrheit müssen wir kommen. Der Materialist Pierre Bayle hat gesagt: Ein Staat kann nicht christlich sein. Ehre und Schande herrschen in einem Staat, Ehrgeiz und Egoismus herrschen in einem Staat, aber ein christlicher Staat ist nicht möglich.

Aber eine christliche soziale Gemeinschaft wird möglich sein, wenn man sie nicht als einen absoluten Staat haben wird, sondern in ihr ein freies Geistesleben begründen wird. Dieses wird Christus-durchdrungen sein können. Dann wird dieses freie Geistesleben den Christus-Impuls auch in das Staatsleben ausstrahlen können, was selbst nimmermehr christlich sein kann. Dann wird sich auch ein Wirtschaftsleben der Assoziationen geltend machen können, das als solches auch nicht christlich sein kann – aber die Menschen, die da drinstehen, die werden christlich sein, die werden vom Christus-Impuls durchdrungen sein. Man muss die Menschen ins freie Geistesleben hineinkommen lassen, dann wird das ganze soziale Leben christlich sein können.

Aber zur Wahrheit muss man erst kommen, in der Lüge wird man nicht leben dürfen. Das sind die Dinge, die man heute ernst nehmen muss, die man sich tief ins Herz schreiben muss.

Wenn man es nicht tun wird, so wird man auf der Seite derjenigen stehen, die den Spengler-Schülern folgen in dem Glauben, dass wir in die Barbarei hineinmüssen. Mit einem leichtfertigen Bekenntnis, dass der Spengler[5] unrecht hat, kommt man auch nicht weiter, da belügt man sich nur. In der Wahrheit werden wir nur stehen, meine lieben Freunde, wenn wir uns sagen: Die Kraft zum Vorwärtskommen muss erzeugt werden.

Die kann aber nur erzeugt werden aus dem lebendigen Geist heraus, aus dem Geist, der durch anthroposophisch orientierte Geisteswissenschaft gesucht wird. Sie ist das, was die Impulse unserer Zeit durchdringen muss, damit wir zu einem Geistesleben kommen, das wieder christlich ist, zu einem Staatsleben, das wieder menschlich ist – das nicht vor dem Menschen haltmacht –, und zu einem Wirtschaftsleben, das wieder von den Menschen geleitet wird – nicht von den Pferdekraftjahren geleitet wird, die neben dem Menschen stehen und das ausdrücken, was aus der Technik° heraus das Menschenschicksal bestimmt, was aus dem Außermenschlichen und dem Unmenschlichen heraus das menschliche Schicksal bestimmt.

---

5 *Der Untergang des Abendlandes, Umrisse einer Morphologie der Weltgeschichte,* von Oswald Spengler, Erster Band: Gestalt und Wirklichkeit (Wien und Leipzig 1918); Zweiter Band: Welthistorische Perspektiven (München 1922).

Was wir in den letzten Jahren erlebt haben, das kann nicht aus der menschlichen Seelenverfassung abgelesen werden, das muss aus den Pferdekraftjahren der Technik° abgelesen werden, aus jener furchtbaren Schrift, die Ahriman in die Menschheitsentwicklung hineinzuschreiben beginnt. Was die Menschen daraus herausführen soll, das muss aus einem neuen Christus-Verständnis geholt werden.

Das ist dasjenige, was ich bei meiner diesmaligen Anwesenheit zu Ihnen sprechen wollte.

Klartextnachschrift, erste Seite

376

Z w e i g - V o r t r a g

von

D r . R u d o l f S t e i n e r ,

gehalten am 14. November 1920 in Stuttgart.

Meine lieben Freunde !

In den Betrachtungen, die wir hier angestellt haben, wurde von den verschiedensten Seiten her charakterisiert, mit welchen Wirkungskräften der menschlichen Entwickelung man sich bekannt machen muss, wenn man richtig verstehen will dasjenige, was heute geschieht, was vor allen Dingen in der gegenwärtigen katastrophalen Zeit hineingeführt hat, wenn man sich richtig hineinstellen will zu einem kraftvollen Wirken im Sinne eines wirklichen Menschheitsfortschrittes. Es wird ja eben leider viel zu wenig Augenmerk darauf gerichtet, wie sich die wirkenden Kräfte in der Menschheitsentwickelung in der neuesten Zeit gegenüber verhältnismässig gar nicht so lange zurückliegenden Zeitläuften verändert haben.

Ich darf vielleicht auch heute noch einmal ausgehen von der grossen Katastrophe der letzten Jahre, gerade um hinzulenken auf dasjenige Ereignis, auf das ich mit einigen Worten am Schlusse der letzten hier gehaltenen Betrachtungen hinge-

K

Zu dieser Ausgabe

Der Vortrag wurde am 14. November 1920 in Stuttgart für Mitglieder der Anthroposophischen Gesellschaft gehalten. Dieser Ausgabe liegt die vom Stenografen gefertigte Klartextübertragung zugrunde (s. Faksimile, erste Seite, S. 51).

Der erste Druck dieses Vortrags erfolgte 1961 in: *Blätter für Anthroposophie* (13. Jahrg., Nr. 12) – von Hans Erhard Lauer herausgegeben – unter dem Titel: *Der Uebergang vom luziferischen in das ahrimanische Zeitalter und das kommende Christusereignis.* Der Vortrag ist auch in der Rudolf Steiner Gesamtausgabe erschienen: Rudolf Steiner, *Gegensätze in der Menschheitsentwicklung* (GA 197). In Bezug auf die Unterlagen ist dort zu lesen (Ausgabe 1996, S. 213): «*Textgrundlagen:* Die Vorträge wurden von verschiedenen Stenographen mitgeschrieben. Die Namen der Mitschreibenden sind nicht überliefert. Der Text folgt den im Archiv der Rudolf Steiner-Nachlaßverwaltung vorliegenden Übertragungen in Klartext, wie sie von den Stenographen besorgt worden sind.»

Um die Lektüre einer breiteren Leserschaft zugänglich zu machen, sind manche Wörter, die nicht jedem geläufig sein dürften, in Klammern erläutert worden, z. B. konstatieren (feststellen), taxieren (einschätzen/beurteilen), Hypochondrie (Trübsinn/Schwermut).

Der Titel dieser Ausgabe sowie das Inhaltsverzeichnis stammen vom Redakteur. Auf der Webseite der *Rudolf Steiner Ausgaben* kann der Leser die vollständige Klartextnachschrift faksimiliert einsehen.

Entwicklung von Erde und Mensch

7 planetarische Zustände der Erde:	1. Saturn-, 2. Sonnen-, 3. Monderde, 4. Erde (jetziger Planet), 5. Jupiter-, 6. Venus-, 7. Vulkanerde
7 geologische Zeiten der jetzigen Erde:	1. Polarische, 2. hyperboräische, 3. lemurische, 4. atlantische Erdzeit 5. nachatlantische (die jetzige), 6., 7. Erdzeit
7 Kulturperioden der «nachatlantischen» Zeit (je 2160 J.):	1. Indische, 2. persische, 3. ägypt.-chaldäische, 4. griech.-römische Kulturper. (747 v.–1413 n.Chr.); 5. unsere Kulturper. (1413–3573 n.Chr.), 6., 7. Kulturper.

Das Wesen des Menschen

3 Körper-Hüllen:	1. Physischer Körper, 2. Ätherleib, Bildekräfteleib, 3. Astralleib
3 Seelen-Kräfte:	1. Empfindungsseele, 2. Gemüts- oder Verstandesseele, 3. Bewusstseinsseele
3 Geistes-Glieder:	1. Geistselbst (höheres Ich), 2. Lebensgeist, 3. Geistesmensch
Aus 9 wird 7:	1. Physischer Leib, 2. Ätherleib, 3. Astralleib, 4. Ich, 5. Geistselbst, 6. Lebensgeist, 7. Geistesmensch

Dreiheit in Mensch und Welt

Geistige Wesen:	«Luzifer»	«Christus»	«Ahriman»
Evangelium:	«Diabolos»	Streben nach Gleichgewicht	«Satanas»
Geistig:	Spiritualismus		Materialismus
Seelisch:	Schwärmerei		Pedanterie
Physisch:	Entzündung		Sklerose
Moralisch:	hemmend	fördernd	hemmend

Naturelemente

Ätherwelt:	Wärmeäther	Lichtäther	Ton-/Zahlenäther	Lebensäther
Phys. Welt:	Wärme	Luft	Wasser	Erde
Unternatur:	Schwerkraft	Elektrizität	Magnetismus	Atomkraft
Naturgeister:	Salamander	Sylphen	Undinen	Gnome

Stufen der Einweihung

1. Imagination:	Bilder sehen – in der Akasha-Chronik (Ätherwelt)
2. Inspiration:	Worte hören – in der Seelenwelt (Astralwelt)
3. Intuition:	Wesen erkennen – in der geistigen Welt (Devachan)

Rudolf Steiner (1861-1925) ergänzt die moderne Naturwissenschaft durch eine umfassende Geisteswissenschaft, die Anthroposophie, die in der heutigen Kultur eine einzigartige Herausforderung zur Überwindung des Materialismus ist, der die Menschheit zum Untergang zu führen droht.

Die Anthroposophie hat ihre Fruchtbarkeit vor allem in der Erneuerung verschiedener Lebensbereiche gezeigt: der Erziehung, der Medizin, der Kunst, der Landwirtschaft. Der Wahrheitsgehalt der Geisteswissenschaft lag Rudolf Steiner ganz besonders am Herzen, weil er in ihm den Inspirations- und Kraftquell für alle äußere Tätigkeit sah.

Von den Vorträgen Rudolf Steiners sind Klartextübertragungen und Nachschriften unterschiedlicher Qualität erhalten. Die Vorträge lagen bis vor Kurzem überwiegend in einer stark bearbeiteten Fassung vor. Die ursprünglichen Klartextübertragungen, die zu Beginn des 21. Jahrhunderts der Öffentlichkeit zugänglich gemacht worden sind, machen es möglich, dem von Rudolf Steiner gesprochenen Wort näherzukommen.